Наблюдатель и отражение света

Peter D. Geldart
Член RASC

Перевод с английского с помощью
Google Translate

Отражение света и наблюдатель

Peter D. Geldart
член RASC
geldartp@gmail.com

ок. 3000 слов
4" x 6"
34 страницы

2025

Petra Books
MBO Coworking
78 George Street, Suite 204
Ottawa, Ontario K1N 5W1, Canada

Обложка: Полная луна сияет над озером Онтарио. Вид на юго-запад из округа Принс-Эдвард, Онтарио, Канада, 18 августа 2013 г., 4:30 утра. Обрезано. (Фотография автора).

Сокращённая версия впервые опубликована в:
Reflector, v76, n3, стр. 11, 06 / 2024, The Astronomical League
и
Amateur Astronomy Magazine, выпуск 123, стр. 48, 2024.

Аннотация

Одно из наших всепроникающих состояний — погружение в излучение, но то, что мы видим, ограничено визуальным спектром, чувствительностью примерно в 1/10 секунды и нашим положением. Эти ограничения не являются ограничениями, а создают основу, в которой мы можем ориентироваться, исследовать и размышлять о мире. Автор рассматривает само собой разумеющиеся явления лунного света на воде и солнечного света на снегу, чтобы показать, что наше положение имеет решающее значение: когда мы движемся, яркие зеркальные отражения следуют за нами поверх рассеянного фона.

Введение

Меня интересует изучение окружающего нас света и то, как моё положение играет важнейшую роль в определении того, что я вижу. Меня не слишком интересуют микрофизика или психология, а моя укоренённость в физическом мире: я воспринимаю своё окружение через проблески света, которые каждое мгновение сливаются в континуум, который я постигаю на основе опыта, интуиции и разума.[1]. По мере того, как я двигаюсь, моя перспектива меняется, меняя моё восприятие ярких или затенённых поверхностей и перекрывающих друг друга объектов. Из всего электромагнитного излучения, которое может быть известно всеведущему существу, мы видим лишь часть. Но эта субъективная

---

1 Без опыта младенец не может оценить визуальное окружение, точно так же, как астронавт, недавно прибывший на незнакомую планету, даже на Луну, будет испытывать большие трудности в оценке форм и расстояний.

перспектива даёт ясность, позволяющую нам различать формы, перспективы и звёзды. Она позволяет нам заниматься наукой и философией (надо сказать, лишь последние четыре тысячелетия). Мне вспоминается роман Карла Сагана «Контакт».[2] В котором, если перефразировать, высокоразвитый инопланетянин говорит человеку, что он — интересный вид, но ему нужно несколько миллионов лет, чтобы созреть.

Это эссе — часть моей попытки в общих чертах понять точку зрения наблюдателя. Сквозь изогнутую линзу моего глаза я вижу свет, который может достичь меня напрямую или через моё периферическое зрение, которое составляет лишь часть того, что постоянно отражается и переотражается в окружающей среде.

---

2 Carl Sagan: «Контакт» — роман Карла Сагана. Нью-Йорк: Simon and Schuster. (1985) https://en.wikipedia.org/wiki/Carl_Sagan

Это обширная смесь излучений, включающая взаимодействие триллионов фотонов и электронов..[3] Тем не менее, я способен видеть отдельные контуры и сложные движения на разных скоростях и расстояниях, не говоря уже о тонких оттенках и текстурах, а также, с помощью приборов, детали на поверхности Луны и далёкие астрономические явления.

Всё это поднимает экзистенциальный вопрос. Возможно, именно редкое сочетание факторов позволило нам развиться как

---

3 В основном это видимый свет (около 400–700 нанометров), а также некоторые более длинные инфракрасные, микроволновые и радиоволновые области, проникающие в нашу атмосферу. Наши глаза эволюционировали, чтобы использовать так называемый визуальный спектр, поскольку его вполне достаточно для выживания. http://hyperphysics.phyastr.gsu.edu/hbase/ems1.html

Термин «фотон» или, если уж на то пошло, «электрон» — это просто удобные выражения: «Бросьте камень в спокойную воду: частицы воды просто поднимутся и опустятся. Со скоростью света распространяются возмущения от источников электромагнетизма (возбуждения флуктуаций амплитуд и частот, вызванные виртуальными частицами), а не фотоны». — Родни Бартлетт, Австралийский национальный университет. https://core.ac.uk/download/pdf/186330043.pdf#page=6

разумные, зрячие существа на планете, где часто бывает ясное небо днём и ночью, что позволяет нам заниматься наукой и философией, которые являются экстравертными, то есть охватывают большую часть планеты и космоса — в отличие, как можно себе представить, от разумных существ на скрытых водных или газообразных мирах.

Я буду использовать примеры лунного света на воде и солнечного света на снегу, чтобы рассмотреть:

- физику отражения света в природе

и

- важность положения наблюдателя.

Лунный свет на воде

Представьте, что вы стоите на берегу большого озера, смотрящего на юг (в моём случае в Северном полушарии), и берега не видно. Луна находится примерно на полпути к зениту и отбрасывает на воду сверкающую линию, чётко центрированную на наблюдателе (рис. 1).

Рисунок 1. Полная луна освещает озеро Онтарио. Вид на юго-запад из округа Принс-Эдвард, Онтарио, Канада, 18 августа 2013 года в 4:30 утра (фотография автора).

Отражение плотнее в линии, тянущейся к горизонту под луной, истончаясь по краям, пока не остаётся только тёмная вода. Некоторые искры на мгновение становятся ярче других, и каждые несколько секунд в

5

окружающей воде появляется далёкое мерцание. Эта сверкающая полоса — результат света от молекул воды, которые в определённый момент выстраиваются в определённую определённую позицию так, что падающие на атомы лучи генерируют лучи в моём направлении. Точнее, я вижу свет от атомов, которые на мгновение испускают фотоны в моём направлении, роль которых затем принимают другие.

Мерцающий лунный свет на воде — результат множества каскадных отражений. Фейнман (1963) использует выражение «сумма всех интенсивностей»:

Richard Feynman:

«В источнике света происходит следующее: сначала излучает один атом, затем другой атом и так далее, и мы только что видели, что атомы излучают последовательность волн всего лишь около $10-8$ с [10 наносекунд; после чего], вероятно, один атом берёт верх, затем другой атом берёт верх, и так далее… Конечно, глазом, у которого время усреднения составляет десятую долю секунды, нет никакой возможности увидеть интерференцию между

двумя различными обычными источниками…
Поэтому во многих случаях мы не видим
эффектов интерференции, а видим лишь
общую, общую интенсивность, равную сумме
всех интенсивностей». (Фейнман, т. I, с. 32–4)

Это объясняет, почему я вижу скопление
искр вдоль линии до горизонта (расстояние
около 5 км). Если я отойду на 100 м в
сторону, я попаду в область, где свет,
выходящий под таким же углом из другого
участка воды, снова перенесёт лунную
полоску к моему глазу. Мерцающий свет
преследовал меня. Поскольку молекулы воды
постоянно колеблются, существует
множество атомов, которые могут время от
времени посылать мне фотоны. Вдали эта
линия привязана к азимутальной точке на
горизонте под Луной, а затем привязана ко
мне на берегу. (Временно я могу считать
Луну неподвижной, хотя она вращается на
восток, а я нахожусь на Земле, вращающейся
на восток относительно быстрее). Для
другого наблюдателя, например, в 1 км от
меня, лунная полоска будет направлена на
них.

Где бы они ни находились, наблюдатели вдоль пляжа видят подобное явление (рис. 2), что означает, что вся поверхность воды должна отражать то, что каждый наблюдатель воспринимает как более яркий свет.

Представьте себе километровый участок пляжа с постом каждые 10 м, на котором камера направлена на озеро. При изучении всех снимков обнаруживается, что большая часть поверхности озера залита сверкающим и искрящимся лунным светом. Выдержка камеры составляет около 1/100 секунды, что в миллион раз длиннее, чем 1/100 000 000 секунды Фейнмана, поэтому за это время камера получила огромное количество фотонов. Изображение будет похоже на то, что видит человеческий глаз: светящуюся полосу на воде. Если бы мы могли записать сцену с выдержкой 10 наносекунд, то было бы пропущено лишь несколько фотонов, только те из атомов на озере, которые выстроились именно так, чтобы испустить луч в камеру в этот момент, и был бы захвачен только один «момент» сцены.

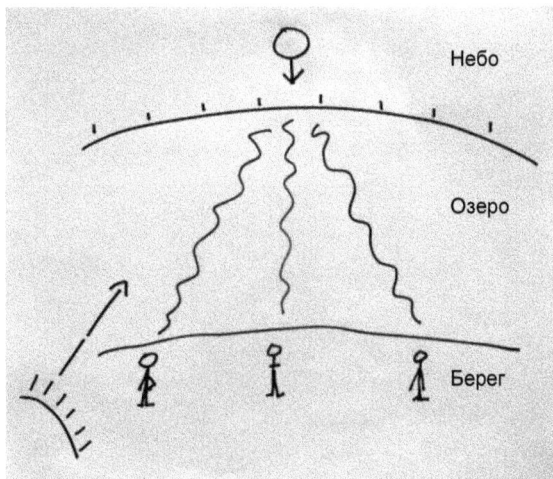

Рисунок 2. Свет от Луны падает примерно параллельно на ночную сторону Земли и на всё озеро. Каждый наблюдатель видит свою собственную яркую дорожку, ведущую к Луне, точно так же, как показано на рисунке 1. (Рисунок автора).

Тогда на записанном изображении на воде было бы лишь несколько сверкающих точек, а не сплошная линия — подобно снежным кристаллам на снежном поле.

Что такое отражение?

Наша природная среда почти полностью освещена отражённым солнечным светом, хотя слово «отражённый» является упрощённым (но я всё же буду его использовать). Мы видим результат триллионов взаимодействий фотонов и электронов. Это область квантовой электродинамики (КЭД), «теории, описывающей взаимодействие фотонов с заряженными частицами, в частности, электронами» (Штетц, 2007).

Согласно Фейнману (1963, 1979) и другим учёным в этой области, световые волны, ударяясь о поверхность, передают энергию электронам материала, заставляя их «колебаться» и испускать новые фотоны.[4].

---

4 Richard Feynman: «Пучок излучения падает на атом и вызывает движение зарядов (электронов) в атоме. Движущиеся электроны, в свою очередь, излучают в различных направлениях». — Ричард Фейнман, Фейнмановские лекции по физике, 1961–1963. Том I, рис. 32-2.
https://www.feynmanlectures.caltech.edu/I_32.html

«Квантовое поведение атомных объектов (электронов,

Steinhardt: Штейнхардт (2004) даёт определение света:

«Свет лучше всего представлять себе как волну, которая может испускаться и поглощаться только квантами, но в промежутке между ними он остаётся волной. Он движется как волна, дифрагирует как волна, преломляется как волна и интерферирует как волна. Но он испускается и поглощается не как волна, а как частица. Это знаменитый корпускулярно-волновой дуализм квантовой механики». (Штайнхардт, 2004, с. 13)

протонов, нейтронов, фотонов и т. д.) одинаково для всех: все они являются „частицами-волнами"». — Ричард Фейнман, Фейнмановские лекции по физике, 1961–1963. Том III, стр. 1-1. https://www.feynmanlectures.caltech.edu/III_01.html

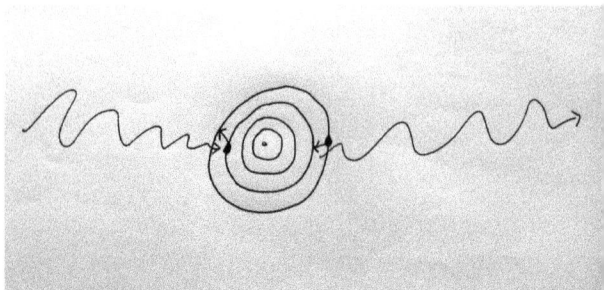

Рисунок 3. Отражение света от поверхности можно описать следующим образом: фотон (L) падает на атом на поверхности объекта, возбуждая электрон, который переходит на более высокую «орбиту». Когда эта орбита становится нестабильной, электрон опускается на более низкую орбиту или другой заполняет образовавшийся пробел, и генерируется фотон (R). (Набросок автора).

Можно сказать, что свет, падающий на атом, побуждает электрон перейти на более высокую орбиту вокруг ядра (рис. 3). Теперь атом нестабилен, и в случайный момент электрон опускается на более низкую орбиту, испуская фотон (Полкингхорн, 2002), или же находящийся поблизости свободный электрон немедленно «заполняет дырку» с аналогичным результатом.

Snell's Law: Закон Снеллиуса[5] утверждает, что угол испускания света должен быть равен углу падения.

Это описание основано на «планетарной» модели, разработанной Резерфордом в начале XX века.Rutherford[6] и Бор Bohr[7].

Однако в моделях, которые появились с тех пор, электроны рассматриваются как находящиеся в облаке вероятности вокруг ядра атома, в котором их положение

---

5 Willebrord Snellius: Виллеброрд Снеллиус (1580–1626) — голландский астроном, чьи работы были предвосхищены античными философами и оказали влияние на Декарта, Ферма, Гюйгенса, Максвелла и других. Закон Снеллиуса определяет соотношение между углом падения и углом преломления при прохождении света через различные среды. https://en.wikipedia.org/wiki/Закон_Снеллиуса

6 Ernest Rutherford: Эрнест Резерфорд (1871–1937), физик, родившийся в Новой Зеландии, работавший в университетах Макгилла, Манчестера и Кембриджа. https://www.nobelprize.org/prizes/chemistry/1908/rutherford/biographical

7 Niels Bohr: Нильс Бор (1885–1962), датский физик, работавший с Резерфордом в Манчестере и преподававший в Копенгагенском университете. https://www.nobelprize.org/prizes/physics/1922/bohr/biographical

неопределенно, «…подобно пчелам, жужжащим вокруг улья, но двигающимся слишком быстро, чтобы их можно было отчетливо увидеть».[8]

---

8 Philip Ball: Филип Болл (1962–), «Элементы». Очень краткое введение. (стр. 78). Оксфорд: Oxford University Press. https://en.wikipedia.org/wiki/Philip_Ball

Диффузный и зеркальный

В естественной среде нас окружает преимущественно рассеянное отражение, отражающее цвета и тонкие оттенки, хотя иногда мы видим белое зеркальное отражение: сверкание солнца или луны на воде, блики на паутине или гладкой поверхности камня. В эпоху антропоцена, конечно же, существовало множество примеров зеркального отражения от искусственных объектов как в помещениях, так и на открытом воздухе.

Представьте себе, что вы смотрите на озеро с высоты птичьего полёта, оглядываясь назад, на пляж, а позади вас находится низкое солнце. Свет равномерно падает на всю поверхность Земли и поверхность озера. Поскольку свет падает на воду под малым углом, можно сказать, что он заставляет электроны испускать фотоны с большей вероятностью в направлении пляжа, чем в других направлениях. С любой точки берега большая часть воды будет казаться сине-зелёной (диффузное отражение от неба и окружающей среды), за исключением линии, направленной к солнцу, которая будет выглядеть поразительно белой (зеркальное отражение). И рассеянный сине-зелёный свет, и сверкающий свет излучаются для разных наблюдателей из одной и той же воды одновременно. Или, другими словами, один человек видит сверкающую линию, другой (скажем, в 100 метрах в стороне) видит «обычную» диффузную сине-зелёную воду, и он может видеть свою собственную сверкающую линию где-то ещё. Суть в том, что наблюдатель вынужден видеть зеркальное отражение в линии на воде, идущей от него к солнцу.

Вот я на небольшой лодке по озеру и смотрю на низкое солнце (рис. 4). Я вижу линию сверкающей воды, направленную к солнцу; эти ряды атомов должны быть более или менее горизонтальными с моей точки зрения. Я также вижу периодические мерцания по бокам, а иногда и позади меня, от атомов, которые на мгновение посылают лучи в мои глаза.

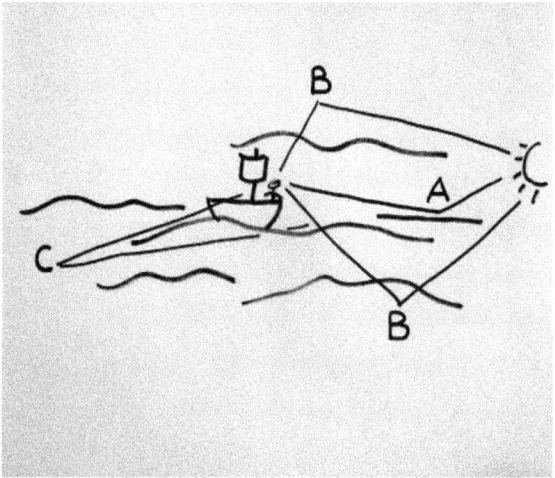

Рисунок 4. Когда солнце находится впереди (справа), я вижу линию зеркального света (А), направленную к источнику, а также редкие искры по бокам (В), а иногда и сзади (С). (Набросок автора).

Солнечный свет на снегу

Зеркальное отражение также заметно на снежном поле. Обращаясь к солнцу, я вижу множество крошечных искорок, разбросанных по полю, возможно, тысячу на площади 10 м². Они исчезают и появляются снова по мере моего движения. Это очень точно: если я двигаю головой (не глазом) как можно меньше, рисунок ярких пятен меняется, не рядом, а в других местах поля. Когда я смотрю на солнце, искорок больше, чем сбоку или сзади, где я вижу примерно половину их количества. Падающий солнечный свет (включая отраженный свет из окружающей среды) возбуждает электроны в атомах поверхности снега по всему полю, заставляя их испускать волны цвета снега рассеянным образом. Одновременно этот процесс вызывает излучение полного спектра яркого белого света атомами, которые испускают фотоны под углом, который я вижу только при определенном положении относительно снежного кристалла. Часто белый свет распадается, и можно различить отдельные цвета. Другие наблюдатели поблизости видят другие узоры ярких пятен на поле. На снегу я вижу эти зеркальные эффекты на расстоянии до десяти метров, тогда как в случае лунного света на воде масштаб составляет несколько километров. Светящаяся полоска на воде непрерывно движется вместе со мной, потому что огромное количество молекул воды когерентно отражает свет в мою сторону. Атомы толкаются, и всегда находится атом, который занимает место того, который только что послал свет в мой глаз, а затем перестал это делать. Они берут на себя роль снежных кристаллов, или, другими словами, снежное поле подобно застывшей наносекунде блесток на воде.

Точка зрения наблюдателя

Существуют и другие сценарии, подчёркивающие субъективный характер наблюдения. Зимним днём в северных регионах заметно, что голые лиственные деревья отбрасывают на снег длинные тени, которые расходятся веером слева и справа от меня, когда я стою лицом к солнцу (рис. 5). Я поворачиваюсь в другую сторону, и, поскольку солнце позади меня, я вижу длинные тени деревьев, достигающие точки схода на горизонте прямо передо мной. Это, должно быть, иллюзия, потому что на вертикальных аэроснимках тени деревьев параллельны. Однако на земле, где я стою, создаётся впечатление, будто я нахожусь в центре гигантской линзы.

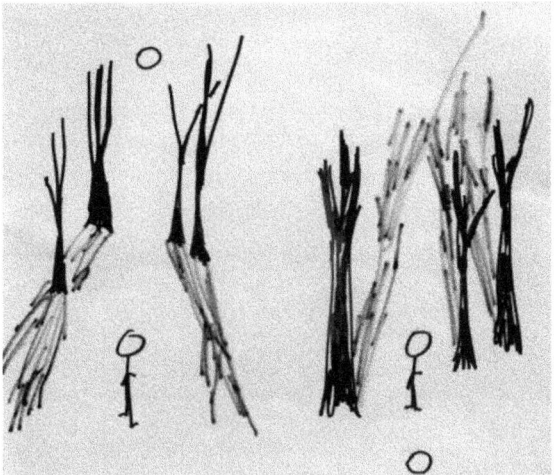

Рисунок 5. Тени от деревьев расходятся веером по сторонам от меня, когда я смотрю на солнце (слева), и сходятся в точке схода на горизонте, когда я поворачиваюсь и смотрю в другую сторону (справа). (Набросок автора).

Другой пример, похожий на блестки на снегу: идя по асфальтовой дороге лицом к солнцу, я вижу около 10% поверхности в виде сверкающих точек (узор меняется по мере моего движения), а остальная часть — в виде размытого тускло-чёрного цвета. Мы воспринимаем чёрный цвет дороги как её естественный цвет, но когда мы видим сверкающие точки, мы воспринимаем их как источник света издалека (то есть, от солнца)[9], Хотя все фотоны возникают в атомах асфальта.

Опять же: у ручья я вижу солнечный диск, отражающийся в воде, изображение, которое следует за мной по мере моего движения, своего рода сжатая версия полосы света на озере. Я мог бы пройти много километров (если бы это был длинный прямой ручей) и увидел бы тот же самый диск сбоку от себя.

---

9 Ludwig Wittgenstein: Людвиг Витгенштейн (1889–1951) намекает на это в своих заметках 1950–1951 годов: «Если впечатление воспринимается как прозрачное, то белый цвет, который мы видим, просто не будет интерпретироваться как белизна тела». В «Заметках о цвете» (стр. 35, п. 140) под ред. Г. Э. М. Анскомба. Оксфорд: Бэзил Блэквелл (1977).
https://en.wikipedia.org/wiki/Remarks_on_Colour

Вернувшись на пляж, по мере того как я иду, я попадаю в области, которые немного по-разному освещены рассеянным отраженным и переотраженным светом (берег залива, далекие деревья, вода, небо). Освещение сцены в моем нынешнем местоположении немного отличается от того, что было в моем предыдущем местоположении. Были бы тысячи сцен, в которые я вступаю, идя. Пусть сверкающая линия на воде перекрывает небольшую лодку, стоящую на якоре недалеко от берега. Когда я продвигаюсь на 100 м вдоль пляжа, лодка, конечно же, все еще там, где была, но теперь она находится вне зеркального отражения, которое переместилось вместе со мной, плюс свет всей сцены передо мной слегка изменился: нет «фиксированного» фона излучения, только фиксированный физический мир объектов, поверхностей, воды и атмосферы.

Рисунок 6. «Un Missionnaire du Moyen Âge raconte qu'il avait trouvé le point où le ciel et la Terre se touchent...» [многоточие в оригинале] Иллюстрация Камиля Фламмариона в L'atmosphère météorologie populaire. стр.163. Париж: Librairie Hachette et cie. (1888). В Интернете по адресу https://archive.org/details/McGillLibrary-125043-2586/page/n175 и в свободном доступе по адресу https://commons.wikimedia.org/wiki/. Файл: Flammarion.jpg

Заключение

Я рассмотрел некоторые аспекты физики отражения света и обнаружил, что свет не «отскакивает» от объектов, а поглощается атомами материала, и испускается новый свет. Моя позиция имеет решающее значение: зеркальное отражение выравнивается по источнику и движется вместе со мной поверх диффузного фона. И зеркальное, и диффузное отражение наблюдаются от одних и тех же атомов одновременно раздельными наблюдателями. Как это возможно? Квантовая механика может дать некоторые ответы, но, как и все парадигмы, она однажды будет вытеснена. Мне вспоминается ньютоновская галька.[10] и гравюра Фламмариона (рис. 6) – аллегории,

---

10 Isaac Newton: «Кажется, я был всего лишь мальчиком, играющим на берегу моря и развлекающимся тем, что время от времени нахожу более гладкий камешек или красивую ракушку, чем обычно, в то время как великий океан истины лежал передо мной, совершенно неизведанный». — Исаак Ньютон (1642–1727), Музей Фицуильяма, Кембриджский университет. https://fitzmuseum.cam.ac.uk/objects-and-artworks/highlights/context/stories-and-histories/sir-isaac-newton

намекающие на то, что всегда будет что-то новое, что предстоит узнать.

Примеры в этом эссе – а ими могли бы быть и солнце на воде, и лунный свет на снегу – свидетельствуют о том, что каждый из нас находится в оптическом и психологическом пузыре, с которым мы благодаря опыту научились жить и с большой ловкостью воспринимать движущееся окружение и далёкие перспективы. Этому способствует то, что мы видим лишь отрывки света от мгновения к мгновению – рамка, которая позволяет нам исследовать мир и размышлять о нём.